Ernst Probst

Die Pfyner Kultur in der Schweiz

Eine Kultur der Jungsteinzeit
vor etwa 4.000 bis 3.500 v. Chr.

Widmung

*Den Prähistorikern
Dr. Albert Hafner in Bern,
Dr. Jürg Rageth in Haldenstein,
Professor Dr. Elisabeth Schmid (1912–1994) in Basel
und Dr. René Wyss in Zürich gewidmet,
die mich bei meinen Büchern über die Steinzeit und Bronzezeit
unterstützt haben*

Impressum
Die Pfyner Kultur in der Schweiz
1. Auflage als Printbuch: Januar 2021
Autor: Ernst Probst Im See 11, 55246 Mainz-Kostheim
Telefon: 06134/21152
E-Mail: ernst.probst (at) gmx.de
Herstellung: Amazon Distribution GmbH, Leipzig
Alle Rechte vorbehalten
ISBN: 979-8-589-68467-4

Inhalt

Vorwort / Seite 5

Die Pfyner Kultur in der Schweiz / Seite 7

Die Pfyner Kultur in Deutschland / Seite 35

Anmerkungen / Seite 47

Literatur / Seite 51

Der Autor / Seite 55

Bücher von Ernst Probst / Seite 56

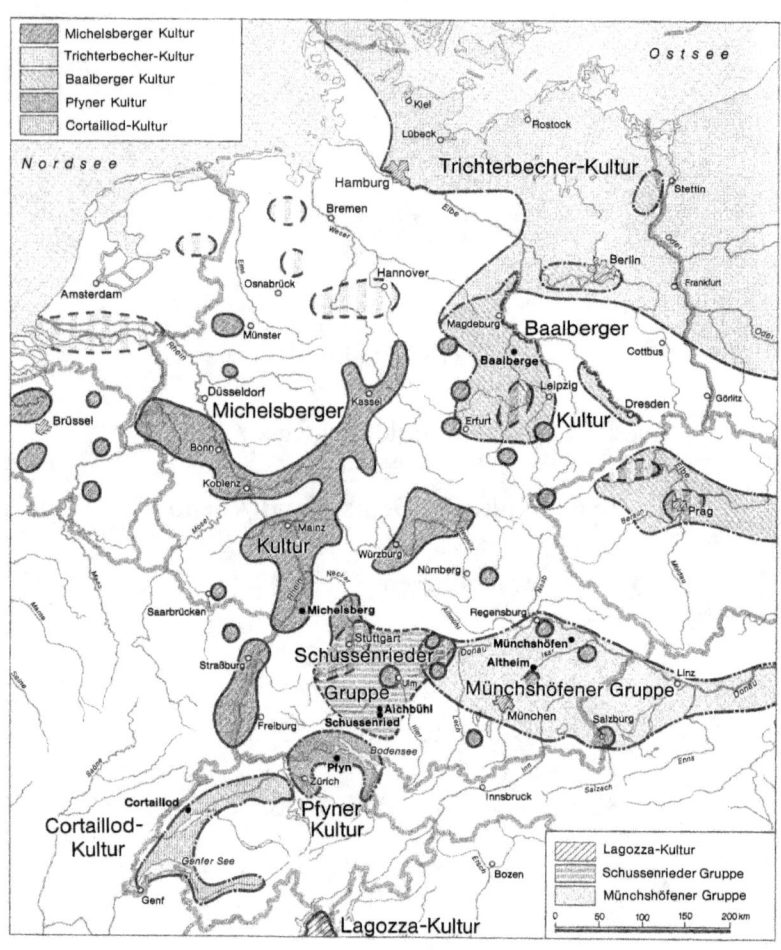

*Pfyner Kultur und andere Kulturen der Jungsteinzeit.
Karte von Adolf Böhm
für das Buch „Deutschland in der Steinzeit" (1991) von Ernst Probst*

Vorwort

Mit einer Kultur der Jungsteinzeit, die vor etwa 4.000 bis 3.500 v. Chr. in den Kantonen Basel, Zürich, Schaffhausen und Thurgau heimisch war, befasst sich das Taschenbuch „Die Pfyner Kultur in der Schweiz". Die Pfyner Ackerbauern und Viehzüchter siedelten an Seeufern und Mooren, säten und ernteten Getreide, kannten vielleicht schon Pflüge und Wagen mit Holzrädern, hielten vor allem Rinder als Haustiere, verlegten Holzbohlenwege in ihren Dörfern, stellten Tongefäße, Steinwerkzeuge und Kupfergeräte her. Ihr Bestattungswesen und ihre Religion sind weitgehend unerforscht. Aus einer Seeufersiedlung am Bodensee sind Wandmalereien mit fast lebensgroßen Frauendarstellungen und aus Lehm geformten Brüsten bekannt.

*Prähistoriker Jürgen Driehaus (1927–1986).
Foto: Veronika Driehaus, Nürnberg*

Die Pfyner Kultur in der Schweiz

In den nordschweizerischen Kantonen Basel, Zürich, Schaffhausen und Thurgau existierte von etwa 4.000 bis 3.500 v. Chr. die Pfyner Kultur[1], die ihren Namen von der Seeufersiedlung Pfyn-Breitenloo, nordöstlich von Frauenfeld im Kanton Thurgau, erhielt und deren Verbreitungsgebiet bis zum baden-württembergischen Anteil des Bodenseeufers reichte. Der Begriff Pfyner Kultur wurde 1960 von dem deutschen Prähistoriker Jürgen Driehaus (1927–1986) geprägt. Die Pfyner Kultur trat etwa zur gleichen Zeit auf wie die in vielen Teilen der Schweiz vertretene Cortaillod-Kultur (etwa 4.000 bis 3.500 v. Chr.). Erstere gilt als eine der ältesten Kulturen des von manchen Prähistorikern als Kupferzeit (etwa 4.000 bis 2.000 v. Chr.) bezeichneten Abschnittes der Jungsteinzeit (Neolithikum).

Wie die bei Ausgrabungen in Feldmeilen (Flur Vorderfeld) geborgenen Knochenfunde belegen, lebten in der Übergangszeit zwischen Atlantikum (etwa 5.800 bis 3.800 v. Chr.) und Subboreal (etwa 3.800 bis 800 v. Chr.) am Zürichsee Sumpfschildkröten, Weißstörche, Stock- und Tafelenten, Seeadler, Habichte, Ringeltauben, daneben Rothirsche, Rehe, Elche, Steinböcke, Gämsen, Wildschweine, Braunbären, Füchse, Edelmarder, Wildkatzen, Igel und Biber.

Die Angehörigen der Pfyner Kultur errichteten ihre Siedlungen vorzugsweise an Seeufern oder an Mooren. Zu manchen ihrer Dörfer gehörten vielleicht ein Dutzend gleichzeitig bewohnter Häuser mit insgesamt schätzungsweise bis zu 100 Einwohnern. Bei den Häusern handelte es sich um Gebäude mit hölzernem

*Luftbild von Pfyn nordöstlich von Frauenfeld im Kanton Thurgau
von Walter Mittelholzer (1894–1957)
aus dem Jahr 1934.
Foto: ETH-Bibliothek (via Wikimedia Commons),
Lizenz: gemeinfrei (Public domain)*

*Grabung 1944 durch Karl Keller-Tarnuzzer (1891–1973)
in Pfyn-Breitenlooo (Kanton Thurgau).
Foto: Kantonsarchäologie Thurgau,
Aufnahme eines unbekannten Fotografen*

*Prähistoriker Karl Keller-Tarnuzzer (1891–1973)
aus Frauenfeld.
Foto: Amt für Archäologie des Kantons Thurgau, Frauenfeld*

Fußboden, also nicht um im Wasser stehende Pfahlbauten mit abgehobenem Fußboden. Die namengebende Seeufersiedlung Pfyn-Breitenloo im Kanton Thurgau wurde 1944 bei einer Ausgrabung unter Leitung des Prähistorikers Karl Keller-Tarnuzzer[2] (1891–1973) aus Frauenfeld erforscht. Dabei hat man polnische Internierte aus einem Arbeitslager eingesetzt. Das jungsteinzeitliche Dorf Pfyn-Breitenloo umfasste neun Häuser, die meist 6 bis 9 Meter lang und 4,50 Meter breit waren. Die Böden dieser Häuser bestanden aus vierfachen hölzernen Unterlagen, die vor allem im Bereich des Herdes mit einem Lehmestrich versiegelt worden sind.

Zu den schon seit langem bekannten Pfyner Siedlungen im Kanton Thurgau gehört das Dorf Niederwil[3] bei Gachnang. Diese am Egelsee angelegte Siedlung wurde 1862 durch den Historiker und reformierten Geistlichen Johann Adam Pupikofer (1797–1882) aus Frauenfeld entdeckt und bei Ausgrabungen noch im selben Jahr sowie von 1863 bis 1878 erforscht. Zu dieser Siedlung gehörten 10 und mehr Meter lange sowie 5 Meter breite Häuser, zwischen denen jeweils ein Abstand von etwa 1,50 Meter lag. In die älteste Phase der Pfyner Kultur rechnet man die ebenfalls im Kanton Thurgau gelegenen Siedlungen Eschenz-Insel Werd und Steckborn-Turgi.[4]

Im Moorgebiet von Thayngen-Weier (Kanton Schaffhausen) stieß man auf drei unterschiedlich alte Siedlungen. Ihre Entdeckungsgeschichte begann damit, dass der Zollbeamte und Heimatforscher Hans Sulzberger (1886–1949) aus Thayngen 1914 in einem Maulwurfshaufen einige Tonscherben jungsteinzeitlichen Alters fand. Daraufhin nahm sein Bruder, der katholische Geistliche und Prähistoriker Karl Sulzberger (1876–1963) aus Schaffhausen, von 1915 bis 1921 erste Grabungen vor.

Grabung in Niederwil bei Gachnang am Egelsee
im August 1871
durch Johann Adam Pupikofer (1797–1882)
anlässlich der Tagung
der Schweizerischen Naturforschenden Gesellschaft in Frauenfeld.
Foto: (via Wikimedia Commons),
Lizenz: gemeinfrei (Public domain)

*Johann Adam Pupikofer (1797–1882) aus Frauenfeld.
Aufnahme eines unbekannten Fotografen*

*Rekonstruktion eines Hauses der Pfyner Kultur
von Thayngen-Weier im Kanton Schaffhausen.
Rekonstruktion im Museum zu Allerheiligen, Schaffhausen.
Foto: Max Baumann, Werbeaufnahmnen, Schaffhausen*

Die Siedlung Thayngen-Weier I bestand nach den dendrochronologisch ermittelten Fälldaten des Bauholzes zwischen etwa 3.820 und 3.760 v. Chr. Zu ihr gehörten mindestens acht Häuser von 5 bis 6 Meter Breite. Diese Siedlung wurde von einem Dorfzaun umgeben.
Die Siedlung Thayngen-Weier II existierte etwa um 3.750 v. Chr. Sie umfasste mindestens zehn Häuser. Die Bewohner dieses Dorfes hatten aus Holzbohlen einen Weg gebaut, auf dem sie auch in Schlechtwetterzeiten trockenen Fußes gehen konnten, und ihre Siedlung mit einem Zaun umfriedet.
Die Siedlung Thayngen-Weier III wurde seit 3.584 v. Chr. bewohnt. In diesem Jahr sind die als Baumaterial verwendeten Baumstämme gefällt worden. Zum Dorf sollen etwa 30 Häuser gehört haben, die aber nicht alle gleichzeitig errichtet wurden. Die dortigen Siedler haben zwei Holzbohlenwege angelegt und das Dorf umzäunt.
Interessante Erkenntnisse über das Siedlungswesen zur Zeit der Pfyner Kultur wurden 1966 bei den Ausgrabungen von zwei Dörfern am Wohnplatz Egolzwil 5 (Kanton Luzern) unter der Leitung des Zürcher Prähistorikers Emil Vogt (1906–1974) gewonnen. Dabei handelte es sich um zwei nacheinander erbaute Siedlungen am Ufer des ehemaligen Wauwiler Sees, der damals noch einen Durchmesser von etwa drei Kilometern hatte.
Das ältere der beiden Dörfer wurde von einer schätzungsweise 35köpfigen Gemeinschaft als Reihensiedlung in Pfostenbautechnik konzipiert. Es bestand aus sieben etwa 10 Meter langen und 4 Meter breiten Häusern, die jeweils in einem Abstand von knapp 2 Metern errichtet worden waren. Ihre Firste waren zum See ausgerichtet. Die Pfosten der Seitenwände dürften mit Flechtwerk verkleidet gewesen sein. Das Dach dichtete man vermutlich mit Schilf ab.

Zürcher Prähistorikers Emil Vogt (1906–1974).
Foto: Schweizerisches Landesmuseum, Zürich

In den größten dieser Häuser gab es zwei Herdstellen. Dies lässt an eine Einteilung in zwei Räume denken. Die Herdstellen bestanden aus einer Lehmplatte oder mehreren davon. Die Lehmplatte ruhte auf Rindenbahnen und Tannenreisig, manchmal auch auf einem Stangenrost mit aufgelegter Rutenmatte. Trotzdem senkten sich die Herde mitunter, was neue Herdauflagen aus Lehm erforderte.

Die Böden der Häuser waren offenbar mit Rindenbahnen belegt. Liegeplätze hat man vor allem mit Farnen, aber auch mit Laub und Moos gepolstert.

Das jüngere Dorf wurde mindestens sechs bis höchstens acht Jahre nach dem Bau der älteren Siedlung errichtet. Es bestand aus neun schlanken, durchschnittlich 9 Meter langen und 3,70 Meter breiten Häusern, deren Firste ebenfalls zum See gewandt waren.

Aus den Bestattungen des Gräberfeldes von Lenzburg (Kanton Aargau), die der zeitgleichen Cortaillod-Kultur angehören, schließt der in Zürich wirkende deutsche Anthropologe Wolfgang Scheffrahn, dass die Bevölkerung der beiden Dörfer vermutlich aus jeweils 16 Kindern unter 14 Jahren und 19 Erwachsenen bestanden habe.

Angehörige des Stammes, der am Wohnplatz Egolzwil 5 siedelte, sind wahrscheinlich etwa 40 Meter vom Dorfzaun entfernt entdeckt worden. Hier fand man die Skelettreste einer etwa 20- bis 25jährigen Frau mit grazilem Körperbau, von einem etwa neunjährigen Kind und von einer Frau zwischen 30 und 40 Jahren. Völlig gesichert ist ihre Zugehörigkeit zur Pfyner Kultur jedoch nicht.

Das jüngere Dorf von Egolzwil 5 hat vermutlich ebenfalls sechs bis acht Jahre existiert. Seine Bewohner sind offenbar durch eine Überschwemmung zum Verlassen der Siedlung gezwungen worden. Die Dürftigkeit der Fundschicht ist darauf zurück-

*Luftbild von Robenhausen von Walter Mittelholzer (1894–1957)
aus dem Jahr 1931,
im Hintergrund der Pfäffiker See.*
Foto: ETH Zürich (via Wikimedia Commons),
Lizenz: gemeinfrei (Public domain)

zuführen, dass der Aufbruch mit Hab und Gut erfolgte. Eine Rückkehr war wohl wegen längerandauerndem Hochwasserstand nicht möglich.

Im Kanton Zürich konzentrierten sich die Seeufersiedlungen der Pfyner Kultur vor allem am Zürichsee. Gefunden wurden Überreste in Zürich-Enge, Zürich-Bauschanze[5], Zürich-Seefeld (Seehof), Zürich-Dufourstraße, Zürich-Mozartstraße, Zürich-Rentenanstalt[6], Zürich-Utoquai[7], Meilen-Feldmeilen/Norderfeld, Meilen-Schelle, Meilen-Obermeilen/Rohrenhaab[8], Männedorf-Unterdorf[9], Männedorf-Vorderfeld, Stäfa-Uerikon, Hombrechtikon-Feldbach, Horgen-Dampfschifffahrtssteg[10] und Pfäffikon-Irgenhausen.

Andere Seeufersiedlungen im Kanton Zürich erstreckten sich am Greifensee (Storen/Wildsberg[11]), Hausersee (Ossingen[12]) und Pfäffiker See (Robenhausen[13]).

Vom Fundort Robenhausen ist ein 1,45 Meter hohes, 55 Zentimeter breites und 4 Zentimeter dickes Türbrett aus Weißtannenholz besonders interessant. Es war einst unten mit einem Sporn, der als Drehangel diente, in eine Schwelle eingezapft und vermutlich mit Lederriemen oder Schnüren an einem Türpfosten befestigt. Lange wusste man nicht, aus welcher Kultur der Jungsteinzeit oder Bronzezeit das bereits am 14. Juni 1868 von dem Landwirt und Prähistoriker Jakob Messikommer (1828–1918) aus Wetzikon entdeckte Türbrett stammte[14.] Messikommer verkannte das Brett als Tischplatte, legte es dem Zürcher Prähistoriker Ferdinand Keller (1800–1881) vor und dieser identifizierte es als Türbrett. 130 Jahre nach der Entdeckung entnahm man 1998 der Türe zwei kleine Holzproben und datierte diese im Radiokarbon-Labor der ETH Zürich auf ein Alter um 3.700 v. Chr., was der Pfyner Kultur entspricht. Drei weitere Holztüren aus der Jungsteinzeit barg

Foto auf Seite 21:

*Türbrett von Robenhausen bei Wetzikon am Pfäffiker See
im schweizerischen Kanton Zürich.
Es wurde bereits am 14. Juni 1868 bei den Ausgrabungen
des Landwirts und Heimatforschers
Jakob Messikommer (1828–1917) aus Wetzikon entdeckt.
Original des Türbretts in modernem Rahmen
im Schweizerischen Landesmuseum Zürich.
Foto: Schweizerisches Landesmuseum Zürich.*

Landwirt und Prähistoriker
Jakob Messikommer (1828–1918) aus Wetzikon.
Foto: Fritz Wiesendanger († 1917),
Fotograf in Wetzikon (via Wikimedia Commons),
Lizenz: gemeinfrei (Public domain)

man ebenfalls bei archäologischen Ausgrabungen in deer Schweiz: eine am Pfäffiker See und zwei in Zürich-Sechseläuten-Platz.
Vom Fundort Robenhausen ist ein 1,45 Meter hohes, 55 Zentimeter breites und 4 Zentimeter dickes Türbrett aus Weißtannenholz besonders interessant. Es war einst unten mit einem Sporn, der als Drehangel diente, in eine Schwelle eingezapft und vermutlich mit Lederriemen oder Schnüren an einem Türpfosten befestigt. Lange wusste man nicht, aus welcher Kultur der Jungsteinzeit oder Bronzezeit das bereits am 14. Juni 1868 von dem Landwirt und Prähistoriker Jakob Messikommer (1828–1918) aus Wetzikon entdeckte Türbrett stammte.[14] Messikommer verkannte das Brett als Tischplatte, legte es dem Zürcher Prähistoriker Ferdinand Keller (1800–1881) vor und dieser identifizierte es als Türbrett. 130 Jahre nach der Entdeckung entnahm man 1998 der Türe zwei kleine Holzproben und datierte diese im Radiokarbon-Labor der ETH Zürich auf ein Alter um 3.700 v. Chr., was zeitlich der Pfyner Kultur entspricht. Drei weitere Holztüren aus der Jungsteinzeit barg man ebenfalls bei archäologischen Ausgrabungen in der Schweiz: eine am Pfäffiker See und zwei in Zürich-Sechseläuten-Platz.
Bei den Pfyner Leuten hatte die Jagd mit Pfeil und Bogen eine geringere Bedeutung als bei den zeitgleichen Cortaillod-Leuten. Die Bewohner von Egolzwil 5 haben vor allem Rothirsche erlegt.
Viel wichtiger für den Lebensunterhalt der Pfyner Leute waren Ackerbau und Viehzucht. Diese Bauern säten und ernteten Getreide und hielten unter anderem Rinder als Haustiere. Getreideanbau wird in Egolzwil 5 durch Getreidepollen und Funde von zwei Erntemessern belegt. Vielleicht schon aus der Zeit der Pfyner Kultur – oder aber aus der darauffolgenden

Zürcher Prähistoriker Ferdinand Keller (1800–1881).
Aufnahme eines unbekannten Fotografen
(via Wikimedia Commons),
Lizenz: gemeinfrei (Public domain)

Pfeilspitze von Cham-St. Andreas im Kanton Zug.
Länge etwa 3 Zentimeter.
Original im Kantonalen Museum für Urgeschichte, Zug.
Foto: Kantonales Museum für Urgeschichte, Zug.

Schleifstein mit Tierknochen, die zu Ahlen oder Gewandnadeln geschliffen wurden, vom Lutzengüetle im Fürstentum Liechtenstein. Länge des Schleifsteins 23,5 Zentimeter, Breite 13,5 Zentimeter. Originale im Liechtensteinischen Landesmuseum, Vaduz. Foto: Liechtensteinisches Landesmuseum, Vaduz.

Axt mit Klinge aus Felsgestein und Rest des Holzschaftes vom Fundort Robenhausen am Pfäffiker See.
Foto: Wellcome Collection / CC-BY 4.0
(via Wikimedia Commons),
lizensiert unter Creative-Commons-Lizenz by-4.0,
https://creativecommons.org/licenses/by/4.0/legalcode

Horgener Kultur – stammen die Pflugspuren von Chur-Welschdörfli im Kanton Graubünden.

Unter den Haustierknochen von Egolzwil 5 haben diejenigen von Rindern mit 97 Prozent einen erstaunlich hohen Anteil. Es handelte sich vor allem um ein- bis eineinhalbjährige Jungtiere einer Rasse, als deren Nachfahren die heute noch im Wallis lebenden Eringer Kühe gelten.

Als Nahrung dienten den Bauern landwirtschaftliche Produkte, Fleisch geschlachteter Haustiere, Wildbret, wildwachsende Früchte, Beeren, Kräuter und Samen. Aus Egolzwil 3 kennt man zahlreiche Kochgefäße mit Resten von verkrustetem Getreidebrei.

Als Neuerungen gelten in der Pfyner Kultur die schon erwähnten Holzbohlenwege in den Siedlungen. Ein Holzrad aus der Siedlung Zürich-Seehofstraße belegt die Existenz von Wagen. Allerdings kann dieses wertvolle Beweisstück sowohl aus einem Horizont der späten Pfyner Kultur als auch aus einer Schicht der folgenden Horgener Kultur stammen.

Die Tongefäße der Pfyner Kultur wurden nicht – wie in anderen jungsteinzeitlichen Kulturen üblich – durch Auflegen von jeweils neuen Tonwülsten, sondern durch Ansetzen von Flecken geschaffen. Typisch waren große Gefäße von S-förmig geschweifter Form mit geraden Standböden. Offenbar stellte man Kleingefäße nur selten her.

Als Verzierungselemente tauchten randständige Knubben oder unter der Randlippe umlaufende Fingertupfenbänder auf. Ob der auf der Außenwand aufgetragene Schlick als Zier dienen sollte, ist unsicher.

Zu den Werkzeugen der Pfyner Kultur gehörten unter anderem durchlochte Beilklingen, die man als Streithämmer bezeichnet. In Axtschäften versenkte Beilklingen werden dem alltäglichen Gebrauch zur Holzbearbeitung zugeschrieben.

Als Importware gelten dagegen die offenbar auf Metallvorbilder zurückgehenden Knaufäxte aus Felsgestein, die man wohl als Waffen benutzte. Eine besonders schöne Knaufaxt wurde im Egelsee bei Niederwil-Gachnang entdeckt.
Im Bereich einer der Seeufersiedlungen von Thayngen-Weier stieß man auf Hinterlassenschaften aus der Werkstatt eines Holzschnitzers. Neben Schalen, Schöpfern und Schüsseln aus Holz wurden auch ein Bogen aus Eibenholz sowie ein Pfeilschaft gefunden. Letzterer war durch Adlerfedern, die man mit Birkenpech festklebte, am Ende befiedert.
Ungeklärt ist die Funktion von auffällig kleinen hölzernen Dolchen aus Eibenholz aus Niederwil-Gachnang. Sie wurden als Nachahmungen von Metallvorbildern, als Kinderspielzeug oder als Kernmatritzen für voll auszugießende Dolchformen gedeutet. Viel wahrscheinlicher ist jedoch ihre Verwendung beim Weben von Textilien.
Funde von tönernen Schmelztiegeln und Kupferäxten beweisen, dass die Pfyner Leute in der Ostschweiz bereits Metallgeräte herstellen konnten. Solche Schmelztiegel fand man in elf Siedlungen aus den Kantonen Zürich (Wetzikon-Robenhausen, Männedorf-Unterdorf, Uerikon-Im Länder, Hor-gen-Dampfschiffahrtssteg, Zürich-Rentenanstalt, Zürich-Bauschanze, Meilen-Feldmeilen), Thurgau (Steckborn-Turgi, Steckborn-Schanz, Niederwil-Egelsee) und Schaffhausen (Stein am Rhein-Hof). Allein in der Seeufersiedlung Wetzikon-Robenhausen konnte man zehn Schmelztiegel bergen. Dort kamen auch kleine Kupferäxte zum Vorschein.
Das Bestattungswesen der Pfyner Kultur ist noch weitgehend unerforscht. Die in Zürich-Mozartstraße vorgefundenen Skelettreste von vermutlich zwei Menschen stammen nicht von einer regulären Bestattung, da sie an der Oberfläche

*Aus Bergahorn geschnitzte Schöpfkelle
von Thayngen-Weier im Kanton Schaffhausen.
Die Gesamtlänge des Gefäßes mit Griff beträgt 24 Zentimeter.
Solche Holzgefäße sind bruchfester als Keramik.
Original im Museum zu Allerheiligen, Schaffhausen.
Foto: Max Baumann, Werbeaufnahmen, Schaffhausen*

*Kupfergießer der Pfyner Kultur bei der Arbeit.
Er gießt das flüssige und heiße Kupfer in eine Gussform
für einen Kupferdolch.
Bild: Zeichnung von Fritz Wendler (1941–1995)
für das Buch „Deutschland in der Steinzeit" (1991)
von Ernst Probst*

*Dieser „Pfahlbauten-Bewohner" begrüßt die Touristen
am Schiffsanleger in Unteruhldingen am Bodensee.
Foto: Gerhard Giebener / CC-BY 2.0
(via Wikimedia Commons),
lizensiert unter Creative-Commons-Lizenz by-2.0,
https://creativecommons.org/licenses/by/2.0/legalcode*

der Siedlungsschichten geborgen wurden. Und die Skelettreste von Egolzwil 5 lassen sich – wie erwähnt – nicht sicher der Pfyner Kultur zuordnen. Diese Funde deuten aber zumindest darauf hin, dasss die Verstorbenen nicht verbrannt worden sind.

*Prähistoriker Paul Reinecke (1872–1958) aus München.
Foto: Römisch-Germanisches Zentralmuseum, Mainz*

Die Pfyner Kultur in Deutschland

Von etwa 3.900 bis 3.500 v. Chr. reichte die in der östlichen Schweiz verbreitete Pfyner Kultur auch bis zum baden-württembergischen Bodenseegebiet. In Oberschwaben bildete die Pfyn-Altheimer Gruppe den Übergang zur gleichaltrigen Altheimer Kultur in Südbayern. Den Begriff Altheimer Kultur hat 1915 der Prähistoriker Paul Reinecke (1872–1958) aus München geprägt.
In Deutschland konnten von den Pfyner Leuten bisher keine Skelettreste entdeckt werden. Zeitgenossen dieser Menschen waren die Michelsberger Leute (etwa 4.300 bis 3.500 v. Chr.) in Südwestdeutschland, die Altheimer Leute (etwa 3.900 bis 3.500 v. Chr.) in Bayern, die Trichterbecher-Leute (etwa 4.300 bis 3.000 v. Chr.) in Norddeutschland und die Baalberger Leute (etwa 4.300 bis 3.700 v. Chr.) in Mitteldeutschland.
Wie in der Ostschweiz legten auch die Pfyner Leute in Südwestdeutschland ihre Siedlungen gern an Seeufern an. Als Seeufersiedlungen der Pfyner Kultur gelten die Fundorte Hornstaad-Hörnle II sowie Hornstaad-Schlößle II und III. An großen Seen baute man vermutlich auch Pfahlbaudörfer. Die auf moorigem Gelände errichteten Gebäude hatten ebenerdige Fußböden, die man mit einem Lehmestrich versah. Die Pfyner Dörfer in Südwestdeutschland umfassten maximal 40 Häuser, wovon die größten bis zu 4,50 Meter breit und bis zu 9 Meter lang waren. In einer solch großen Siedlung lebten schätzungsweise bis zu 200 oder gar 300 Menschen.
Im baden-württembergischen Anteil des Bodensees lagen Pfyner Siedlungen unter anderem bei Wangen, Hornstaad-

Hörnle, Markelfingen und Bodman (alle im Kreis Konstanz). Allein bei Wangen existierten drei Pfyner Siedlungen.

Die Ufersiedlung Wangen auf der Halbinsel Höri ist forschungsgeschichtlich besonders interessant. Sie wurde bereits 1856 durch den Bauern und Ratsschreiber Kaspar Löhle (1799–1878) aus Wangen entdeckt und untersucht. Wangen gilt deshalb als die erste bekannte Ufersiedlung am Bodensee. Zwei Jahre zuvor war die aufsehenerregende Entdeckung der ersten Pfahlbausiedlung am Zürichsee erfolgt.

Zu dem Dorf bei Wangen gehörten wahrscheinlich 20 bis 40 gleichzeitig bewohnte Häuser, die jeweils einige Meter voneinander entfernt waren. Ihre Giebelfront hatte man zum Bodensee ausgerichtet. Wegen der beschränkten Haltbarkeit des Bauholzes besaßen die Gebäude vermutlich nur eine Lebens-dauer von etwa 15 bis 25 Jahren. Dies erforderte nach gewisser Zeit entweder Ausbesserungen oder Neubauten. Für das tragende Gerüst der Wohnhäuser wählte man häufig nur eine einzige Holzart. So bestand eines der Gebäude in Wangen aus Eschenpfosten. Es lag seewärts eines Zaunes aus Haselnussholz.

Mehrere Umbauphasen konnte man unter anderem durch dendrochronologische Datierungen von Eichenhölzern der Pfyner Siedlung am Fundort Hornstaad-Hörnle feststellen, wo zuvor bereits Angehörige der Hornstaader Gruppe (etwa 4.100 bis 3.900 v. Chr.) gelebt hatten. Die ersten Häuser wurden 3.586 v. Chr. erbaut. Schon 16, 19, 20 und 21 Jahre später wurden Umbauten erforderlich, wie neu eingeschlagene Pfähle zeigen. Außerdem errichtete man in dieser Zeitspanne neue Häuser. Es folgten weitere Bauphasen zwischen 3.541 und 3.531 v. Chr. sowie 3.520 und 3.508 bis 3.507 v. Chr. Dabei legte man Wert darauf, den alten Standort der Gebäude beizubehalten.

Auf unruhige Zeiten bei einem nördlichen Nachbarn der Pfyner Kultur deuten befestigte Siedlungen der Michelsberger

Kultur im Flachland und auf Höhen in Deutschland hin. Diese frühen „Burgen der Steinzeit" waren von breiten und tiefen Gräben sowie Palisaden umgeben. Offenbar bestand die Gefahr von Angriffen. Allerdings wurden die Michelsberger Erdwerke im Laufe der Forschungsgeschichte nicht nur für Befestigungsanlagen, sondern auch für geschützte Marktplätze oder Viehkrale gehalten.

Der geringe Anteil von Wildtierknochen in südwestdeutschen Siedlungen lässt erkennen, dass die Menschen der Pfyner Kultur nur selten auf die Jagd gingen. Die Jagdbeute lieferte auch Rohmaterial für Geräte und Schmuck. Vermutlich hat man mit Pfeil und Bogen auch Vögeln nachgestellt. Darauf deutet beispielsweise der Fund eines stumpfen, etwa drei Zentimeter langen, durchlochten Geweihstückes von Wolpertswende am Schreckensee (Kreis Ravensburg) hin. Es wird als Bewehrung eines für die Vogeljagd bestimmten Pfeiles betrachtet. Fischfang ist durch mehrere aus Eberzahnlamellen und Knochen geschnitzte Angelhaken aus Wangen-Hinterhorn dokumentiert. Auch die Pfyner Ackerbauern am Bodensee säten und ernteten Getreide. Außerdem gewann der Anbau von Ölfrüchten – wie Mohn und Lein – an Bedeutung. Die Bewohner der Ufersiedlung Bodman-Blissenhalde am Überlinger See (ein Teil des Bodensees) unterhalb des nördlichen Steilhangs des Berges Bodanrück konnten nur in einiger Entfernung von ihrem Dorf Ackerbau betreiben, da der schmale Uferstreifen zwischen Steilhang und Wasser gerade für die Wohnhäuser, nicht aber für Ackerflächen reichte. Gegen eine landwirtschaftliche Nutzung sprechen außer der Enge auch die zeitweilige Schattenlage sowie der jäh ansteigende Hang hinter der Siedlung. Da aus Bodman-Blissenhalde aber Kulturpflanzen- und Getreidedreschreste vorliegen, dürften die Felder auf der Hochfläche des Bodanrück gelegen haben.

Die ersten Funde von Bodman-Blissenhalde hat in den 1950er Jahren der Sammler Hermann Schiele aus Dingelsdorf geborgen. Das Landesdenkmalamt erfuhr erst durch den Sammler Helmut Maier aus Konstanz von dieser Fundstelle, die im Winter 1985/86 bei extrem niedrigen Wasserständen durch den Prähistoriker Helmut Schlichtherle aus Gaienhofen-Hemmenhofen untersucht wurde.

In den Dörfern der Pfyner Kultur am Bodensee hatte die Viehzucht eine viel größere Bedeutung, als es noch in den einige Jahrhunderte älteren Siedlungen der Hornstaader Gruppe der Fall gewesen war. Dies kann man aus dem deutlich überwiegenden Anteil von Haustierknochen gegenüber Wildtierknochen ablesen. Die Haltung von Rindern ist in der Siedlung Wangen belegt. Neben Wildbret, Fischen, Grützbrei und Fladenbrot aus Getreidekörnern und dem Fleisch geschlachteter Haustiere verzehrte man damals auch essbare Früchte, Beeren, Kräuter und Samen wildwachsender Pflanzen. Einen Hinweis in diese Richtung geben Funde von gedarrten Äpfeln aus der Siedlung Wangen.

Auf Verbindungen zu anderen Kulturen und auf Tauschgeschäfte der Pfyner Leute deuten unter anderem Tongefäße der zeitgleichen Michelsberger Kultur und der Altheimer Kultur hin, die in Pfyner Siedlungen entdeckt wurden. Vielleicht hat sich auch in den Gefäßen selbst Tauschgut befunden.

Die Pfyner Leute trugen offenbar Kleidung aus leinwandartigem Gewebe, das aus Flachs hergestellt wurde. Der Rest eines solchen Gewebes kam in der Siedlung Wangen zum Vorschein. Als Schmuck dienten durchbohrte flache Kiesel oder Hirschgeweihanhänger und manchmal auch ritzverzierte Spangen aus Knochen. Derartige Objekte hat man als Einzelstücke in Wangen gefunden. Die besonders dekorative Knochenspange wird im Britischen Museum in London aufbewahrt.

Die Tongefäße der Pfyner Kultur aus den Ufersiedlungen am Bodensee waren häufig flachbodig, glänzend poliert und unverziert. Die Oberfläche von Kochtöpfen hat man oft mit Tonschlick künstlich aufgeraut. Eine Besonderheit unter der Pfyner Keramik sind Henkelkrüge mit plastisch herausmodellierten weiblicher Brüsten, die manchmal auch nur durch ein Knubbenpaar symbolisiert sein können.
In oberschwäbischen Siedlungen weisen die Tongefäße Merkmale der Pfyner Kultur aus der Nordschweiz und der Altheimer Kultur aus Bayern auf. Deswegen spricht man hier von der Pfyn-Altheimer Kultur. Dieser rechnet man die Siedlungen Ruhestetten, Ruprechtsbruck, Schreckensee, Reute, Musbach, Ödenahlen und vielleicht auch die Ufersiedlung am Ruschweiler See zu.
Die Pfyner Leute haben aus Ahorn- oder Eichenholz besonders robuste Gefäße geschaffen. Als Rohmaterial dafür dienten vorzugsweise Auswüchse oder Geschwüre von Bäumen. Diese Maserknollen hackte man aus dem Stamm oder Ast und höhlte sie mit Steinmeißeln innen aus. Derartige Maserholzgefäße erwiesen sich dank ihrer verschlungenen Faserstruktur als sehr stabil. Sie rissen auch dann kaum, wenn das frische Holz austrocknete, und waren weniger zerbrechlich als Keramik.
Solche Maserholzgefäße hat man im Schorrenried bei Reute unweit von Bad Waldsee (Kreis Ravensburg) geborgen. Der Lehrer Karl Haller (1897–1956) aus Reute entdeckte bereits 1934 im Schorrenried bei Reute Reste einer jungsteinzeitlichen Siedlung. Noch im selben Jahr grub dort der Stuttgarter Prähistoriker Oscar Paret. (1889–1972) In den 1950er Jahren bargen der Lehrer Paul Schurer aus Reute und der Zahnarzt Heinrich Forschner (1880–1959) aus Biberach weitere Funde. Von 1980 bis 1982 folgten Untersuchungen durch Helmut Schlichtherle.

*Kochtopf der Pfyner Kultur von Bodmann-Weiler (Kreis Konstanz)
in Baden-Württemberg.
Höhe 21,8 Zentimeter.
Foto: Landesdenkmalamt Baden-Württemberg,
Pfahlbauarchäologie Bodensee-Oberschwaben,
Gaienhofen-Hemmenhofen*

Zu den Werkzeugen der Pfyner Kultur zählten unter anderem zurechtgeschlagene Feuersteinmesser und zugeschliffene Beilklingen aus verschiedenen Felsgesteinarten. Um Feuersteinmesser handhaben zu können, klebte man sie mit Birkenteer in Griffe aus Holz oder Rinde ein. Entsprechende Funde liegen aus Wangen, Sipplingen und Bodman (alle im Kreis Konstanz) vor.
Die Beilklingen wurden mit unterschiedlich konstruierten Schäftungen versehen. So dienten sorgfältig ausgesuchte Astgabeln oder Äste am Stamm als Knieholme für hackenartige Holzbearbeitungsgeräte mit querstehender Schneide. Aus widerstandsfähigen Stamm- oder Stamm-Wurzel-Ansatzstücken fertigte man Stangenholme für Steinbeile. An gegabelten Schaftenden wurden die Klingen häufig mit Bastschnüren angebunden. Feine Klingen setzte man in Zwischenfutter aus Rot-hirschgeweih ein und befestigte dieses am Holzschaft. Das hatte den Vorteil„dass das Zwischenfutter, in dem die Klinge steckte, die Wucht des Schlages auffing und den Verschleiß des Holzschaftes minderte.
Die Pfyner Leute in Südwestdeutschland besaßen ebenso wie die Angehörigen vieler anderer jungsteinzeitlicher Kulturstufen Pfeil und Bogen. Neben Werkzeugen und Waffen aus Holz, Stein, Knochen und Geweih stellten die Pfyner Ackerbauern und Viehzüchter auch bereits mancherlei Geräte aus Kupfer her. Dies verraten einige Funde von tönernen Gusstiegeln in den Siedlungen Wangen und Bodman am Bodensee sowie in Wolpertswende am Schreckensee. Sie unterscheiden sich durch ihre dicken Wände, den groben Ton und anhaftende Metallreste von normalen Keramikschöpfern. Der Gusstiegel aus Wolpertswende ist einschließlich Griff 16,8 Zentimeter lang, 12,2 Zentimeter breit und hat bis zu 1,8 Zentimeter dicke Wände. Solche Gusstiegel dienten dazu, das heiße und flüssige Kupfer in die Form zu gießen.

*Kupferne Dolchklinge der Pfyner Kultur
von Bad Waldsee-Reute im Kreis Ravensburg.
Original im Württembergischen Landesmuseum Stuttgart.
Foto: Anagoria / CC-BY 3.0 (via Wikimedia Commons),
lizensiert unter Creative-Commons-Lizenz by-3.0-de,
https://creativecommons.org/licenses/by/3.0/legalcode*

Zu den Kupfergeräten der Pfyner Kultur gehören die 11,8 Zentimeter lange Klinge eines Dolches aus dem Schorrenried bei Reute sowie Flachbeile aus Bodman, Überlingen, Nußdorf, Maurach und Konstanz. Die kupferne Beilklinge, die man 1991 zusammen mit der Gletschermumie „Ötzi" in den Ötztaler Alpen (Südtirol) barg, unterscheidet sich nur geringfügig von Beilen der Pfyner Kultur. Von wem die Pfyner Leute die Kupferverarbeitung übernommen haben, ist noch nicht genau erforscht.

1989 deuteten Funde in Privatsammlungen darauf hin, dass im Flachwasser des Strandbades Ludwigshafen die Reste einer mit großen Zeichen und Ornamenten bemalten Hauswand liegen mussten. Sofort ging seitens des Landesdenkmalamtes die für das Unterwasserkulturgut zuständige Arbeitsstelle Hemmenhofen dieser Spur nach. Zwischen 1990 und 1994 bargen Taucharchäologen im Bodensee bei Ludwigshafen-Seehalde bemalte und modellierte Wandfragmente abgebrannter Pfahlbauten. Damit gelang ihnen ein wahrer Sensationsfund: Denn es handelte sich um Reste der ältesten Wandmalereien nördlich der Alpen. Zahlreiche Keramikfragmente der Pfyner Kultur und dendrochronologische Datierungen von Holzpfählen zwischen 3.867 und 3.861 v. Chr. beantworteten die Frage nach dem Alter der Funde. Nach 22-jähriger Puzzle-Arbeit mit mehr als 2.000 Fragmenten konnte man die Innenwand eines Pfahlbaues rekonstruieren, welche die fast lebensgroßen Oberkörper von mindestens sieben weiblichen Gestalten mit erhobenen Händen und realistisch aus Lehm geformten Brüsten präsentierte. Die Brüste waren mit weißen Punkten übersät und mehrfach von einem gemalten kreuzförmigen Band durchzogen. Eine nach außen abstehende und mit Fransen versehene Linie stellte sich als Ärmchen mit einer dreifingrigen Hand heraus. Man vermutet, die dargestellten

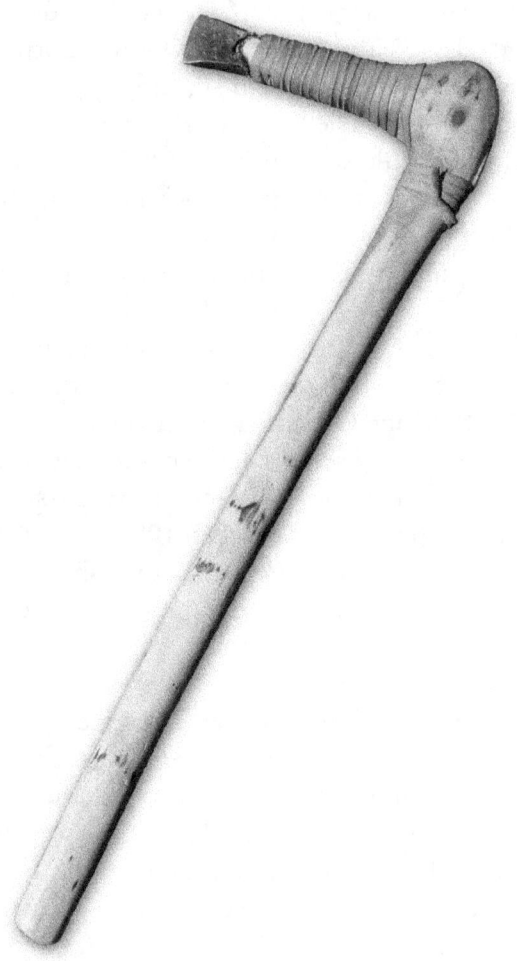

*Rekonstruktion des Beiles der Gletschermumie „Ötzi"
aus den Ötztaler Alpen in Südtirol.
Foto: Bullenwächter / CC-BY3.0 (via Wikimedia Commons),
lizensiert unter Creative-Commons-Lizenz by-sa-3.0-en,
https://creativecommons.org/licenses/by/3.0/legalcode*

*Rekonstruktion des Gletschermannes „Ötzi"
im „Südiroler Archäologiemuseum" in Bozen (Italien).
Foto: Thilo Parg / CC-BY-SA3.0 (via Wikimedia Commons),
lizensiert unter Creative-Commons-Lizenz by sa-3.0,
https://creativecommons.org/licenses/by-sa/3.0/legalcode*

Personen sollten große Ahnfrauen oder gottähnliche Gestalten verkörpern. Das imposante Kunstwerk wurde bei der „Großen Landesausstellung 2016" in Bad Schussenried und Bad Buchau erstmals gezeigt. Bei den Gebäuden mit Wandmalereien in Ludwigshafen-Seehalde könnte es sich um Wohnhäuser von Familienoberhäuptern handeln, die eine besondere rituelle Funktion besaßen. Ebenso gut ist es möglich, dass diese Häuser von Dorfbewohnern gemeinsam genutzt wurden. Eventuell waren es Versammlungsorte von Clan-Gruppen. Zum Fundgut aus Ludwigshafen-Seehalde gehörten außer Fragmenten der Wandmalereien sorgfältig angefertigte Textilien und ein menschengestaltiges Tongefäß mit aufgesetzten Brüsten und Armen. In diesem Tongefäß hatte man aus Birkenrinde klebrigen Birkenteer hergestellt.

Die Art der Bestattungen der Michelsberger Kultur in Deutschland erlaubt womöglich gewisse Rückschlüsse auf die damalige Religion anderer Kulturen. Häufig nur fragmentarisch erhaltene Skelette lassen sich auch damit erklären, dass die Michelsberger Leute überirdischen Mächten Menschenopfer darbrachten und dabei einen rituell motivierten Kannibalismus praktizierten. Die Michelsberger Ackerbauern und Viehzüchter baten mit diesen Menschenopfern möglicherweise ihre Gottheiten um das Gedeihen der Ernte und das Wohl des Viehs.

Anmerkungen

1] Die Funde der Pfyner Kultur wurden 1959 von dem Zürcher Prähistoriker Albert Baer (1925–1965) der jüngeren Phase der vor allem in Deutschland verbreiteten Michelsberger Kultur zugerechnet. Schon ein Jahr später erkannte jedoch der damals in Mainz wirkende Prähistoriker Jürgen Driehaus (1927–1986), dass im Fundgut dieser Kultur die klassischen Michelsberger Formen fehlen.

2] Karl Keller-Tarnuzzer war zunächst Lehrer, später Versicherungsinspektor. 1920 wurde er in Frauenfeld ansässig. 1921 richtete er im neugegründeten Heimatmuseum Frauenfeld eine erste urgeschichtliche Ausstellung ein und übernahm ehrenamtlich die Funktion des Konservators.

3] Die Ausgrabungen von 1863 bis 1878 in Niederwil bei Gachnaug wurden durch den Zürcher Prähistoriker Ferdinand Keller (1800–1881) vorgenommen.

4] Die Siedlung Eschenz-Insel Werd wurde 1858 entdeckt und 1882 ausgegraben. Die Siedlung Steckborn-Turgi wurde 1882 erforscht.

5] Die ersten Funde von Zürich-Bauschanze kamen zu Anfang des 20. Jahrhunderts bei einer Baggerung zum Vorschein.

6] Die Seeufersiedlung Zürich-Rentenanstalt wurde 1961 bei einer Notgrabung unter der Leitung des Zürcher Prähistorikers Walter Drack (1917–2000) erforscht, die anlässlich der Erweiterungsbauten der Schweizerischen Rentenanstalt erfolgte.

7] Die Seeufersiedlung Zürich-Utoquai wurde 1928 entdeckt.

8] Meilen-Obermeilen/Rohrenhaab wurde bereits 1854 entdeckt und gilt daher als die erste aufgespürte Seeufersiedlung.

9] Die Seeufersiedlung Männedorf-Unterdorf wurde 1888 im IX. Pfahlbaubericht erstrnals erwähnt.

*Landwirt und Prähistoriker Jakob Messikommer (1828–1918)
aus Wetzikon.
Fotos: Aufnahmen eines unbekannten Fotografen*

*Der französische Prähistoriker
Gabriel de Mortillet (1821–1898) aus Saint-Germain
prägte den Begriff Epoque Robenhausienne.
Foto: Aufnahme eines unbekannten Fotografen*

10] Beim Erweiterungsbau der Horgener Hafenanlage kamen 1961 im Baggeraushub Keramikreste zum Vorschein.
11] Die Seeufersiedlung Storen/Wildsberg wurde 1920 durch das Landesmuseum in Zürich untersucht.
12] Auf die Seeufersiedlung bei Ossingen stieß man bei der Ausbeutung des großen Torfmoores am Hausersee. 1918 und 1920 nahm der Konservator Fernand Blanc (1880–1952) vom Landesmuseum in Zürich Ausgrabungen vor.
13] Die Seeufersiedlung Robenhausen wurde 1858 durch den Antiquar Jakob Messikommer (1828– 1918) aus Wetzikon ausgegraben. Der französische Prähistoriker Gabriel de Mortillet (1821–1898) aus Saint-Germain bei Paris hat die Arbeiten von Messikommer an Ort und Stelle beobachtet und war von den Funden aus Robenhausen so beeindruckt, dass er 1872 die Jungsteinzeit als „Epoque Robenhausienne" bezeichnete. Dieser Begriff setzte sich aber nicht durch.
14] Bei den Ausgrabungen in Robenhausen wurde nicht nach Schichten getrennt.

Literatur

Die Pfyner Kultur in der Schweiz

ALTORFER, Kurt: Neue Erkenntnisse zum neolithischen Türflügel von Wetzikon ZH-Robenhausen. Zeitschrift für schweizerische Archäologie und Kunstgeschichte 56, Heft 4, Zürich 1999.
BEAR, Albert: Die Michelsberger Kultur in der Schweiz. In: Die jüngere Steinzeit der Schweiz. Repertorium der Ur- und Frühgeschichte der Schweiz, S. 7–10, Zürich 1955.
EIBL, Franz: Tierknochen aus der neolithischen Station Feldmeilen-Vorderfeld am Zürichsee. I. Die Nichtwiederkäuer. Dissertation, München 1974.
FÖRSTER, Wolfgang: Die Tierknochenfunde aus der neolithischen Station Feldmeilen-Vorderfeld am Zürichsee. II. Die Wiederkäuer. Dissertation, München 1974.
HÖNEISEN, Markus: Zürich-Mozartstraße. Ein neu entdeckter prähistorischer Siedlungsplatz, S. 60–65, Basel 1982.
JOACHIM, Hans-Eckart: Jürgen Driehaus – gestorben am 29. Dezember 1986. In: Frank M. Andraschko, Wolf-Rüdiger Teegen (Herausgeber): Gedenkschrift für Jürgen Driehaus, S. 11–12, Mainz 1990.
KELLER-TARNUZZER, Karl: Pfyn (Bez. Steckborn, Thurgau). Pfahlbau Breitenloo. Jahrbuch der Schweizerischen Gesellschaft für Ur- und Frühgeschichte, S. 42, Frauenfeld 1944.
MESSIKOMMER, Heinrich: Die Pfahlbauten von Robenhausen, Zürich 1913.
RUOFF, Ulrich: Die Ufersiedlungen an Zürich- und

Greifensee. Helvetia archaeologica, S. 19–61, Basel 1981.
SITTERDING, Madeleine: Karl Keller-Tarnuzzer
(1891–1973). Jahrbuch der Schweizerischen Gesellschaft für
Ur- und Frühgeschichte, S. 219/220, Basel 1974/75.
STÖCKLI, Werner E.: Pfyner Kultur. Historisches Lexikon
der Schweiz, 31. Juli 2008.
https://hls-dhs-dss.ch/de/articles/012498/2008-07-31/
WILLIGEN, Samuel van: Tür zu! Im Landesmuseum Zürich
befindet sich eine der ältesten erhaltenen Türen Europas.
Die Tür von Robenhausen ist über 5.500 Jahre alt.
https://blog.nationalmuseum.ch/2019/01/tuer-zu
WINIGER, Josef: Das Fundmaterial von Thayngen-Weier
im Rahmen der Pfyner Kultur. Monographien zur Ur- und
Frühgeschichte der Schweiz. Basel 1971.
WINIGER, Josef: Feldmeilen-Vorderfeld. Der Übergang
von der Pfyner zur Horgener Kultur, Frauenfeld 1981.
WYSS, René: Ein neolithisches Radfragment aus dem
Wauwilermoos. Helvetia archaeologica, S. 145–152, Basel
1983.
ZINDEL, Christian / DEFUNS, Alois: Spuren von
Pflugackerbau aus der Jungsteinzeit in Graubünden. Helvetia
archaeologica, S. 42–45. Basel 1980.

Die Pfyner Kultur in Deutschland
DRIEHAUS, Jürgen: Die Altheimer Gruppe und ihre
westlichen Nachbarn. In: Die Altheimer Gruppe und das
Jungneolithikum in Mitteleuropa, S. 145, Mainz 1960.
KEEFER, Erwin / KÖNINGER, Joachim: Moorsiedlungen
des Federseerieds. Archäologische Ausgrabungen in Baden-
Württemberg 1985, S. 66–70, Stuttgart 1986.
KRÄMER, Werner: Reinecke, Paul. In: Neue Deutsche
Biographie 21 (2003), S. 348–349

https://www.deutsche-biographie.de/
pnd118788221.html#ndbcontent
MAINBERGER, Martin: Ausgrabungen im Schorrenried
bei Reute(Stadt Bad Waldsee, Kreis Ravensburg).
Archäologische Ausgrabungen in Baden-Württemberg 1982,
S. 56–58, Stuttgart 1983.
PREUSS, Joachim: Pfyner Kultur. In: HERRMANN,
Joachim: Lexikon früher Kulturen, S. 147, Leipzig 1984.
SCHLICHTHERLE, Helmut: Bodmann-Blissenhalde –
Eine neolithische Ufersiedlung unter dem Steilabhang des
Bodanrück. Archäologische Nachrichten aus Baden,
S. 38–42, Freiburg 1987.
SCHLICHTHERLE, Helmut: Älteste Wandmalereien
nördlich der Alpen. Zur Rekonstruktion der Bilder für die
Präsentation auf der Großen Landesausstellung 2016.
Denkmalpflege in Baden-Württemberg, Nachrichten der
Landesdenkmalpflege 1, S. 11–17, Stuttgart 2016.
SCHLICHTHERLE, Helmut / ROTTLÄNDER, Wolf:
Gußtiegel der Pfyner Kultur in Südwestdeutschland.
Fundberichte aus Baden-Württemberg, S. 59–71, Stuttgart
1982.

Autor Ernst Probst.
Foto: Klaus Benz, Fotograf, Mainz-Laubenheim

Der Autor

Ernst Probst, geboren am 20. Januar 1946 in Neunburg vorm Wald im bayerischen Regierungsbezirk Oberpfalz, ist Journalist und Wissenschaftsautor. Er arbeitete von 1968 bis 1971 bei den „Nürnberger Nachrichten", von 1971 bis 1973 in der Zentralredaktion des „Ring Nordbayerischer Tageszeitungen" in Bayreuth und von 1973 bis 2001 bei der „Allgemeinen Zeitung", Mainz. In seiner Freizeit schrieb er Artikel für die „Frankfurter Allgemeine Zeitung", „Süddeutsche Zeitung", „Die Welt", „Frankfurter Rundschau", „Neue Zürcher Zeitung", „Tages-Anzeiger", Zürich, „Salzburger Nachrichten", „Die Zeit", „Rheinischer Merkur", „Deutsches Allgemeines Sonntagsblatt", „bild der wissenschaft", „kosmos", „Deutsche Presse-Agentur" (dpa), „Associated Press" (AP) und den „Deutschen Forschungsdienst" (df). Aus seiner Feder stammen die Bücher „Deutschland in der Urzeit" (1986), „Deutschland in der Steinzeit" (1991), „Rekorde der Urzeit" (1992), „Dinosaurier in Deutschland" (1993 zusammen mit Raymund Windolf) und „Deutschland in der Bronzezeit" (1996). Von 2001 bis 2006 betätigte sich Ernst Probst als Buchverleger sowie zeitweise als internationaler Fossilienhändler und Antiquitätenhändler. Insgesamt veröffentlichte er mehr als 300 Bücher, Taschenbücher, Broschüren und über 300 E-Books.

Bücher von Ernst Probst

(Auswahl)

Als Mainz im Meer lag
Als Mainz noch nicht am Rhein lag
Christl-Marie Schultes. Die erste Fliegerin in Bayern (zusammen mit Theo Lederer)
Der Europäische Jaguar
Der Mosbacher Löwe. Die riesige Raubkatze aus Wiesbaden
Der Rhein-Elefant. Das Schreckenstier von Eppelsheim
Der Schwarze Peter. Ein Räuber im Hunsrück und Odenwald
Der Ur-Rhein. Rheinhessen vor zehn Millionen Jahren
Deutschland im Eiszeitalter
Deutschland in der Frühbronzezeit
Deutschland in der Mittelbronzezeit
Deutschland in der Spätbronzezeit
Die Aunjetitzer Kultur in Deutschland
Die Straubinger Kultur in Deutschland
Die Singener Gruppe
Die Arbon-Kultur in Deutschland
Die Ries-Gruppe und die Neckar-Gruppe
Die Adlerberg-Kultur
Der Sögel-Wohlde-Kreis
Die nordische Bronzezeit in Deutschland
Die Hügelgräber-Kultur in Deutschland
Die ältere Bronzezeit in Nordrhein-Westfalen
Die Bronzezeit in der Lüneburger Heide
Die Stader Gruppe
Die Oldenburg-emsländische Gruppe

Die Urnenfelder-Kultur in Deutschland
Die ältere Niederrheinische Grabhügel-Kultur
Die Unstrut-Gruppe
Die Helmsdorfer Gruppe
Die Saalemündungs-Gruppe
Die Lausitzer Kultur in Deutschland
Die Dolchzahnkatze Megantereon
Die Dolchzahnkatze Smilodon
Die Säbelzahnkatze Homotherium
Die Säbelzahnkatze Machairodus
Die Schweiz in der Frühbronzezeit
Die Rhône-Kultur in der Westschweiz
Die Arbon-Kultur in der Schweiz
Die Schweiz in der Mittelbronzezeit
Die Schweiz in der Spätbronzezeit
Dinosaurier von A bis K. Von Abelisaurus bis zu Kritosaurus
Dinosaurier von L bis Z. Von Labocania bis zu Zupaysaurus
Der rätselhafte Spinosaurus. Leben und Werk des Forschers Ernst Stromer von Reichenbach
Eiszeitliche Geparde in Deutschland
Eiszeitliche Leoparden in Deutschland
Frauen im Weltall
Hildegard von Bingen. Die deutsche Prophetin
Höhlenlöwen. Raubkatzen im Eiszeitalter
Julchen Blasius. Die Räuberbraut des Schinderhannes
Johann Jakob Kaup. Der große Naturforscher aus Darmstadt
Königinnen der Lüfte
Königinnen der Lüfte in Deutschland
Königinnen der Lüfte in Europa
Königinnen der Lüfte in Frankreich

Königinnen der Lüfte in England und Australien
Königinnen der Lüfte in Amerika
Königinnen der Lüfte von A bis Z
Königinnen des Tanzes
Malende Superfrauen
Meine Worte sind wie die Sterne Die Entstehung der Rede des Häuptlings Seattle (zusammen mit Sonja Probst, verheiratete Werner)
Monstern auf der Spur. Wie die Sagen über Drachen, Riesen und Einhörner entstanden
Neues vom Ur-Rhein. Interview mit dem Geologen und Paläontologen Dr. Jens Sommer
Österreich in der Frühbronzezeit
Österreich in der Mittelbronzezeit
Österreich in der Spätbronzezeit
Pompadour und Dubarry. Die Mätressen von Louis XV.
Raub-Dinosaurier von A bis Z. Mit Zeichnungen von Dmitry Bogdanav und Nobu Tamura
Rekorde der Urmenschen. Erfindungen, Kunst und Religion
Rekorde der Urzeit. Landschaften, Pflanzen und Tiere
Säbelzahnkatzen. Von Machairodus bis zu Smilodon
Säbelzahntiger am Ur-Rhein. Machairodus und Paramachairodus
Superfrauen aus dem Wilden Westen
Superfrauen 1 – Geschichte
Superfrauen 2 – Religion
Superfrauen 3 – Politik
Superfrauen 4 – Wirtschaft und Verkehr
Superfrauen 5 – Wissenschaft
Superfrauen 6 – Medizin
Superfrauen 7 – Film und Theater
Superfrauen 8 – Literatur

Superfrauen 9 – Malerei und Fotografie
Superfrauen 10 – Musik und Tanz
Superfrauen 11 – Feminismus und Familie
Superfrauen 12 – Sport
Superfrauen 13 – Mode und Kosmetik
Superfrauen 14 – Medien und Astrologie
Tony und Bruno Werntgen. Zwei Leben für die Luftfahrt (zusammen mit Paul Wirtz)
Was ist ein Menhir? Interview mit dem Mainzer Archäologen Dr. Detert Zylmann
Wer ist der kleinste Dinosaurier? Interviews mit dem Wissenschaftsautor Ernst Probst
Wer war der Stammvater der Insekten? Interview mit dem Stuttgarter Biologen und Paläontologen Dr. Günther Bechly
6000 Jahre Kastel. Von der Steinzeit bis zum 21. Jahrhundert
5000 Jahre Kostheim. Von der Steinzeit bis zum 21. Jahrhundert
Kastel in der Vorzeit. Von der Jungsteinzeit bis Christi Geburt
Kostheim in der Vorzeit. Von der Jungsteinzeit bis Christi Geburt
Wiesbaden in der Steinzeit
Anno 1.000.000. Deutschland in der älteren Altsteinzeit
Das Protoacheuléen. Eine Kulturstufe der Altsteinzeit vor etwa 1,2 Millionen bis 600.000 Jahren
Das Altacheuléen. Eine Kulturstufe der Altsteinzeit vor etwa 600.000 bis 350.000 Jahren
Das Jungacheuléen. Eine Kulturstufe der Altsteinzeit vor etwa 350.000 bis 150.000 Jahren
Das Spätacheuléen. Eine Kulturstufe der Altsteinzeit vor etwa 150.000 bis 100.000 Jahren
Die Lanze von Lehringen. Der Jahrhundertfund aus der

Altsteinzeit
Das Moustérien. Die große Zeit der Neanderthaler
Das Aurignacien. Eine Kulturstufe der Altsteinzeit vor etwa 40.000 bis 31.000 Jahren
Das Gravettien. Eine Kulturstufe der Altsteinzeit vor etwa 35.000 bis 24.000 Jahren
Das Magdalénien. Eine Kultustufe der Altsteinzeit vor etwa 18.000 bis 12.000 Jahren
Die Hamburger Kultur. Eine Kulturstufe der Altsteinzeit vor etwa 15.700 bis 14.200 Jahren
Die Federmesser-Gruppe. Eine Kulturstufe der Altsteinzeit vor etwa 14.000 bis 12.800 Jahren
Das Steinzeit-Grab von Bonn-Oberkassel. Ein rätselhafter Fund aus der Zeit der Federmesser-Gruppen
Die Ahrensburger Kultur. Eine Kulturstufe der Altsteinzeit vor etwa 12.700 bis 11.650 Jahren
Die Altsteinzeit in Österreich. Jäger und Sammler vor 250.000 bis 10.000 Jahren
Das Jungacheuléen in Österreich
Das Moustérien in Österreich
Das Aurignacien in Österreich
Das Gravettien in Österreich
Das Magdalénien in Österreich
Das Magdalénien in der Schweiz
Die Mittelsteinzeit
Deutschland in der Mittelsteinzeit
Die Mittelsteinzeit in Baden-Württemberg
Die Mittelsteinzeit in Bayern
Die Mittelsteinzeit in Rheinland-Pfalz
Die Mittelsteinzeit in Hessen
Die Mittelsteinzeit in Nordrhein-Westfalen

Die Mittelsteinzeit in Niedersachsen
Die Mittelsteinzeit in Thüringen, Sachsen-Anhalt, Sachsen und im südlichen Brandenburg
Die Mittelsteinzeit in Schleswig-Holstein, Mecklenburg und im nördlichen Brandenburg
Die Jungsteinzeit. Eine Periode der Steinzeit vor etwa 5.500 bis 2.300 v. Chr.
Die ersten Bauern in Deutschland. Die Linienbandkeramische Kultur (5.500 bis 4.900 v. Chr.)
Die Ertebölle-Ellerbek-Kultur. Eine Kultur der Jungsteinzeit vor etwa 5.000 bis 4.300 v. Chr.
Die Stichbandkeramik. Eine Kultur der Jungsteinzeit vor etwa 4.900 bis 4.500 v. Chr.
Die Oberlauterbacher Gruppe. Eine Kulturstufe der Jungsteinzeit vor etwa 4.900 bis 4.500 v. Chr.
Die Hinkelstein-Gruppe. Eine Kulturstufe der Jungsteinzeit vor etwa 4.900 bis 4.800 v. Chr.
Die Rössener Kultur. Eine Kultur der Jungsteinzeit vor etwa 4.600 bis 4.300 v. Chr.
Die Kupferzeit. Wie die ersten Metalle in Mitteleuropa bekannt wurden
Die Michelsberger Kultur. Eine Kultur der Jungsteinzeit vor etwa 4.300 bis 3.500 v. Chr.
Das Rätsel der Großsteingräber. Die nordwestdeutsche Trichterbecher-Kultur vor etwa 4.300 bis 3.000 v. Chr.
Die Baalberger Kultur. Eine Kultur der Jungsteinzeit vor etwa 4.300 bis 3.700 v. Chr.
Pfahlbauten in Süddeutschland. Dörfer der Jungsteinzeit und Bronzezeit an Seen, Mooren und Flüssen
Die Altheimer Kultur / Die Pollinger Gruppe. Zwei Kulturen der Jungsteinzeit vor etwa 3.900 bis 3.500 v. Chr.
Die Salzmünder Kultur. Eine Kultur der Jungsteinzeit vor

etwa 3.700 bis 3.200 v. Chr.
Die Chamer Gruppe. Eine Kulturstufe der Jungsteinzeit vor etwa 3.500 bis 2.800 v. Chr.
Die Wartberg-Kultur. Eine Kultur der Jungsteinzeit vor etwa 3.500 bis 2.800 v. Chr.
Die Walternienburg-Bernburger Kultur. Eine Kultur der Jungsteinzeit vor etwa 3.200 bis 2.800 v. Chr.
Die Kugelamphoren-Kultur. Eine Kultur der Jungsteinzeit vor etwa 3.100 bis 2.700 v. Chr.
Die Schnurkeramischen Kulturen. Kulturen der Jungsteinzeit von etwa 2.800 bis 2.400 v. Chr.
Die Einzelgrab-Kultur. Eine Kultur der Jungsteinzeit vor etwa 2.800 bis 2.300 v. Chr.
Die Schönfelder Kultur. Eine Kultur der Jungsteinzeit vor etwa 2.800 bis 2.200 v. Chr.
Die Glockenbecher-Kultur. Eine Kultur der Jungsteinzeit vor etwa 2.500 bis 2.200 v. Chr.
Die ersten Bauern in Österreich. Die Linienbandkeramische Kultur vor etwa 5.500 bis 4.900 v. Chr.
Die Lengyel-Kultur in Österreich. Eine Kultur der Jungsteinzeit vor etwa 4.900 bis 4.400 v. Chr.
Die Mondsee-Gruppe. Eine Kulturstufe der Jungsteinzeit vor etwa 3.700 bis 2.900 v. Chr.
Die Badener Kultur in Österreich. Eine Kultur der Jungsteinzeit vor etwa 3.600 bis 2.900 v. Chr.
Die ersten Pfahlbauten in der Schweiz. Die Anfänge der Pfahlbauforschung und die Egolzwiler Kultur
Die Cortaillod-Kultur. Eine Kultur der Jungsteinzeit vor etwa 4.000 bis 3.500 v. Chr.
Die Pfyner Kultur in der Schweiz. Eine Kultur der Jungsteinzeit vor etwa 4.000 bis 3.500 v. Chr.
Die Horgener Kultur in der Schweiz. Eine Kultur der

Jungsteinzeit vor etwa 3.500 bis 2.800 v. Chr.
Die Schnurkeramiker in der Schweiz. Eine Kultur der Jungsteinzeit vor etwa 2.800 bis 2.400 v. Chr.

Modell der Seeufersiedlung Pfyn-Breitenloo im Kanton Thurgau, geschaffen von Christoph Müller, Amt für Archäologie Thurgau. Foto: Lokalia / CC-BY-SA 4.0 (via Wikimedia Commons), lizensiert unter Creative-Commons-Lizenz by-sa-4.0-de. https://creativecommons.org/licenses/by-sa/4.0/legalcode

www.ingramcontent.com/pod-product-compliance
Lightning Source LLC
Chambersburg PA
CBHW070822220526
45466CB00002B/742